公路施工安全教育系列丛书—工种培训口袋书
本书为《公路施工安全视频教程》配套用书

挖掘机操作工

安全操作手册

广东省交通运输厅 组织编写
广东省南粤交通投资建设有限公司
中铁隧道局集团有限公司 主编

人民交通出版社股份有限公司
China Communications Press Co.,Ltd.

内 容 提 要

本书是《公路施工安全教育系列丛书——工种安全操作》中的一本,是《公路施工安全视频教程》(第五册　工种安全操作)的配套用书。本书主要介绍挖掘机操作工安全作业的相关内容,包括:挖掘机操作工简介,挖掘机操作工的职责及操作安全风险,挖掘机操作工基本要求,挖掘机操作安全要求,挖掘机维护检修安全要求等。

本书可供挖掘机操作工使用,也可作为相关人员安全学习的参考资料。

图书在版编目(CIP)数据

挖掘机操作工安全操作手册/广东省交通运输厅组织编写;广东省南粤交通投资建设有限公司,中铁隧道局集团有限公司主编. — 北京:人民交通出版社股份有限公司,2018.12

ISBN 978-7-114-15058-6

Ⅰ. ①挖…　Ⅱ. ①广… ②广… ③中…　Ⅲ. ①挖掘机—操作—技术手册　Ⅳ. ①TU621.07-62

中国版本图书馆 CIP 数据核字(2018)第 225939 号

Wajueji Caozuogong Anquan Caozuo Shouce

书　　名:挖掘机操作工安全操作手册
著 作 者:广东省交通运输厅组织编写
广东省南粤交通投资建设有限公司　中铁隧道局集团有限公司主编
责任编辑:韩亚楠　崔　建
责任校对:刘　芹
责任印制:张　凯
出版发行:人民交通出版社股份有限公司
地　　址:(100011)北京市朝阳区安定门外外馆斜街 3 号
网　　址:http://www.ccpcl.com.cn
销售电话:(010)59757973
总 经 销:人民交通出版社股份有限公司发行部
经　　销:各地新华书店
印　　刷:北京建宏印刷有限公司
开　　本:880×1230　1/32
印　　张:1.25
字　　数:41 千
版　　次:2018 年 12 月　第 1 版
印　　次:2023 年 8 月　第 3 次印刷
书　　号:ISBN 978-7-114-15058-6
定　　价:15.00 元

编委会名单

EDITORIAL BOARD

《公路施工安全教育系列丛书——工种安全操作》编审委员会

《挖掘机操作工安全操作手册》编写人员

致工友们的一封信

LETTER

亲爱的工友：

你们好！

为了祖国的交通基础设施建设，你们离开温馨的家园，甚至不远千里来到施工现场，用自己的智慧和汗水将一条条道路、一座座桥梁、一处处隧道从设计蓝图变成了实体工程。你们通过辛勤劳动为祖国修路架桥，为交通强国、民族复兴做出了自己的贡献，同时也用双手为自己创造了美好的生活。在此，衷心感谢你们！

交通建设行业是国家基础性和先导性行业，也是安全生产的高危行业。由于安全意识不够、安全知识不足、防护措施不到位和违章操作等原因，安全事故仍时有发生，令人非常痛心！从事工程施工一线建设，你们的安全牵动着家人的心，牵动着广大交通人的心，更牵动着党中央及各级党委、政府的心。为让工友们增强安全意识，提高安全技能，规范安全操作，降低安全风险，保证生产安全，我们组织开发制作了以动画和视频为主要展现形式的《公路施工安全视频教程》(第五册　工种安全操作)，并同步编写了配套的《公路施工安全教育系列丛书——工种安全操作》口袋书。全套视频教程和配套用书梳理、提炼了工种操作与安全生产相关的核心知识和现场安全操作要点，易学易懂，使工友们能知原理、会工艺、懂操作，在工作中做到保护好自己和他人不受伤害。

请工友们珍爱生命，安全生产；祝福你们身体健康，工作愉快，家庭幸福！

广东省交通运输厅

二〇一八年十月

目录

CONTENTS

1 PART 挖掘机操作工简介

1.1 挖掘机操作工定义

挖掘机操作工是操作挖掘机，进行挖掘、装载、平整、破碎等工程施工的专业人员。

1.2 挖掘机基本结构和类型

挖掘机主要由动力装置、工作装置、回转机构、操纵机构、传动机构、行走机构和辅助设施等组成。从外观结构上看，由工作装置、上部转台、行走机构三大部分构成。

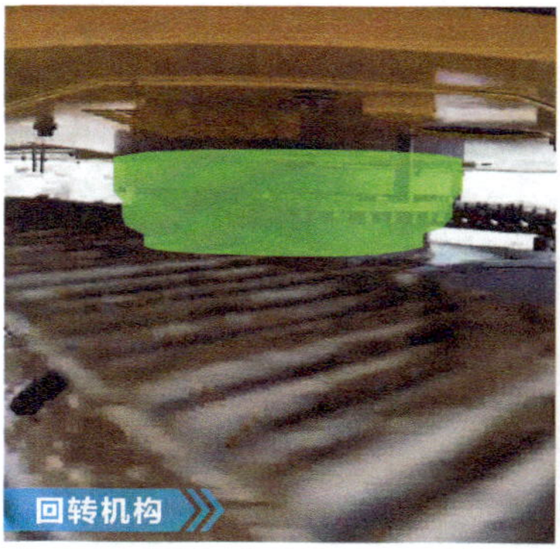

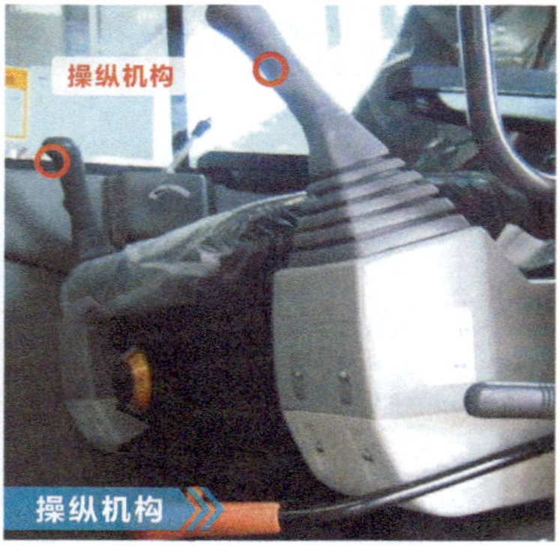

SANY
传动机构

行走机构

辅助设施

工作装置—动臂、斗杆、铲斗液压油缸、连杆、销轴、管路
上部转台——发动机、减振器主泵、主阀、驾驶室、回转机构、回转支承、回转接头、转台、液压油箱、燃油箱、控制油路、电器部件、配重
行走机构——履带架履带、引导轮、支重轮托轮、终传动、张紧装置

分类方式	挖掘机类型
按铲斗形式	正铲、反铲、拉铲、抓铲挖掘机
按行走形式	履带式、轮胎式挖掘机
公路工程施工中常用的为履带式反铲挖掘机	

按铲斗形式

正铲挖掘机

反铲挖掘机

拉铲挖掘机

抓铲挖掘机

按行走形式

履带式挖掘机

轮胎式挖掘机

2 PART 挖掘机操作工的职责及操作安全风险

2.1 挖掘机操作工的主要职责

熟练掌握挖掘机安全操作规程、安全技术交底并严格遵守。

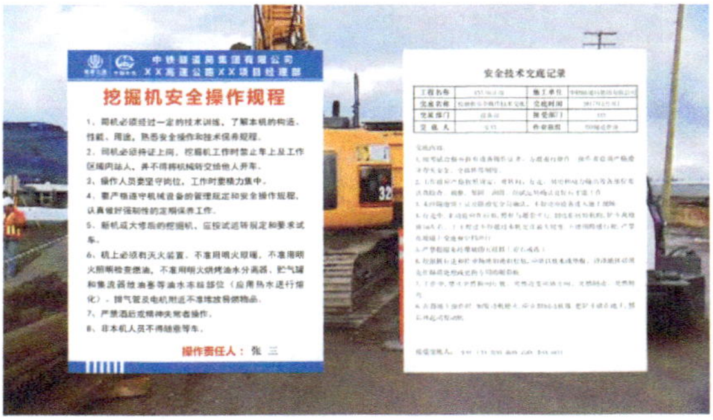

严格执行安全管理规章制度，不违章作业，不擅离操作岗位。

挖掘机操作过程中服从挖掘机指挥人员的指令，对违章指挥、强令冒险作业有权拒绝。

在接受施工任务后，应对施工任务具体内容（如填挖土的高度和深度、边坡及电线高度、地下电缆、各种管道、坑道、墓穴和各种障碍物的情况和位置）详细了解确认，做好设备、环境安全检查，采取必要的安全措施后开展作业。

做好挖掘机日常维护工作，并形成记录。

机械设备检查、维修、保养记录表

单位名称：中铁隧道局集团有限公司

设备名称	挖掘机		规格/型号	CAT 320D	操作人员	张XX
维修/保养	维修/保养日期	维修/保养项目及内容		维修/保养后状态	维修/保养人员	备注
XXXXXX	XX年XX月XX日	XXXXXX		XXXXXX	张XX	XXXXXX
XXXXXX	XX年XX月XX日	XXXXXX		XXXXXX	张XX	XXXXXX

填表人 张XX

2.2 挖掘机操作安全风险

挖掘机驾驶和操作过程中主要存在机械伤害、触电、物体打击、设备倾覆等安全风险。

3 PART 挖掘机操作工基本要求

年龄

年满18周岁

身体

健康，在指定医院体检合格，无红绿色盲，视力及听力正常

入场

经入场安全教育培训考核合格，接受安全技术交底

持证

应取得人力资源和社会保障部门核发的岗位职业资格证书持证上岗

作业

严格按"定人、定机、定岗位职责"三定原则作业

个人防护

规范穿戴个人防护用品，着装符合安全要求

⊙按要求佩戴安全帽、防尘口罩(隧道等高粉尘环境下)、防滑鞋,穿反光背心,衣服袖口、下摆及裤管等应扎紧。

❗禁止穿拖鞋、短裤操作挖掘机,不得穿戴过于宽松的衣物,操作机械时禁止使用耳机听音乐。

4 PART 挖掘机操作安全要求

4.1 作业前安全要求

4.1.1 作业前检查项

(1)外观。外观正常,无漏水、漏油等现象。

(2)驾驶室。各操纵杆是否处于空挡位置、开关及仪表显示是否正常,确认安全后启动设备。

(3)起动检查。起动后,试听有无异响,检查各仪表指示是否正常。

(4)空载运转。运转正常后,顺序操纵各工作及制动机构进行空载测试,确认正常后方可作业。

（5）发动机起动后。

❗ 严禁有人站在挖斗、履带、机棚上。

挖掘机旋转半径内不允许有人，指挥人员必须站在挖掘机正面左侧方旋转半径范围外进行指挥。

4.1.2　注意事项

上下机器：

严禁跳跃和抓握控制杆上下机器。

移动时：

臂杆应放在行走的前进方向，挖斗距地面保持在 1m 左右，并锁止回转机构。

水平面及上坡行走时：

驱动轮应在后部。

下坡时：

驱动轮应在前面。

坡道行驶：

上、下坡道不得超过机械本身允许的最大坡度，下坡应慢速行驶，不得在坡道上变速。

特殊路段行驶：

通过轨道、软土、黏土路面时，应铺垫板，以免造成压伤和倾覆。

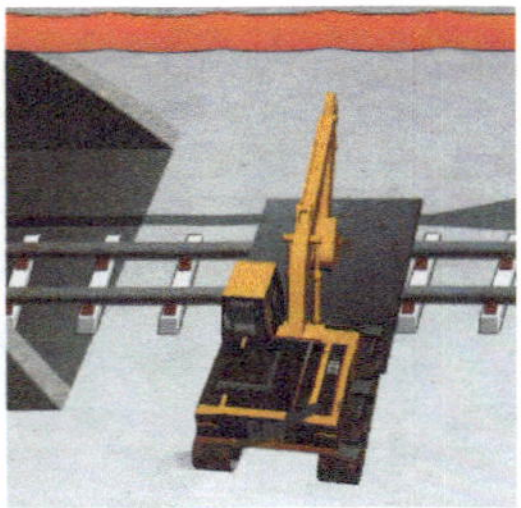

4.2 作业中安全要求

4.2.1 作业中安全要求

停放要求:停放在坚实、平坦的地面上,履带距工作面边缘距离应大于1.0m。

操纵过程应平稳,不宜紧急制动,以免发生倾覆。挖掘机回转时,应使用回转离合器配合回转机构制动器平稳转动,禁止紧急回转和紧急制动。

在基坑边缘、坡底等部位进行挖掘作业，当发现有塌方危险时，应立即将挖掘机撤至安全地带。

挖掘机挖斗未离开地面，不得做回转、行走动作；挖斗满载悬空时，不得行走。

作业过程中必须与架空线路保持安全距离。

安全距离（m）	电压（kV）						
	<1	10	35	110	220	330	500
沿垂直方向	1.5	3.0	4.0	5.0	6.0	7.0	8.5
沿水平方向	1.5	2.0	3.5	4.0	6.0	7.0	8.5

在地下电缆、管线附近作业时，必须查清电缆、管线的走向并进行标记，保持安全距离方可挖掘，严禁使用挖掘机进行管线探挖。

作业时，应将工作面内的较大石块和其他杂物进行清除，且挖掘过程中严禁挖“神仙土”，以免造成坍塌事故。

挖掘机装料时，应待车辆停稳后方能装料；挖斗应尽量放低，但不得碰撞车辆，且禁止挖斗从驾驶室顶部越过。装料应平衡堆载，并防止物料砸坏车厢。

装料回转时，宜采用逆时针旋转，以确保视野良好并提高工效。

4.2.2　注意事项

相邻车辆及其他挖掘机之间应当保持安全距离，防止碰撞。

臂抬高及回转时，防止碰到洞壁、沟槽侧面或其他物体；挖斗升降不宜过猛，防止碰撞车辆和履带。

作业中，挖掘力突然变化、温度异常升高等情况时，应立即停机检查，严禁继续强行作业。

夜间及隧道内作业时，作业区域应有良好的照明并设专人指挥。

如遇到雾、雪、雨和灰尘较大导致视线不清时，不得作业。

挖掘时不宜过深,提斗不宜过猛,以防在操作过程中发生倾覆。

遇较大的坚硬石块或障碍物时,应待清除后方可开挖,不得用挖斗破碎石块、冻土,或用单边斗齿硬啃。

平整作业场地时,不得用挖斗进行横扫或用挖斗对地面进行夯实。

4.3 作业后安全要求

(1)停放

挖掘机工作后,应将机械驶离工作区域,放在安全、平坦的位置,将机身转正,挖斗收回落地放平,所有操纵杆置于中位,关闭发动机,拔出钥匙,锁好门窗后离开。

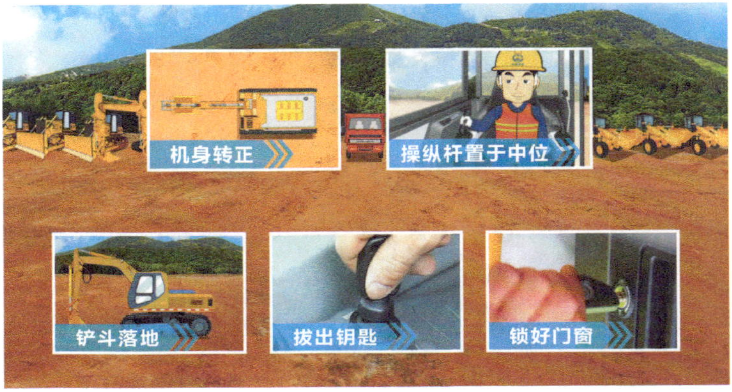

(2)转移

挖掘机转移工地应采用平板拖车装运;短距离自行转移时,应低速缓行。

平板拖车装运

自行转移

4.4 其他安全要求

(1)特殊环境

爆破后需在确认爆破警戒解除,作业面盲炮及危石处理完毕后,方可进入现场进行挖掘作业。作业中发现盲炮、残余炸药雷管时,应立即停止作业并上报处理。

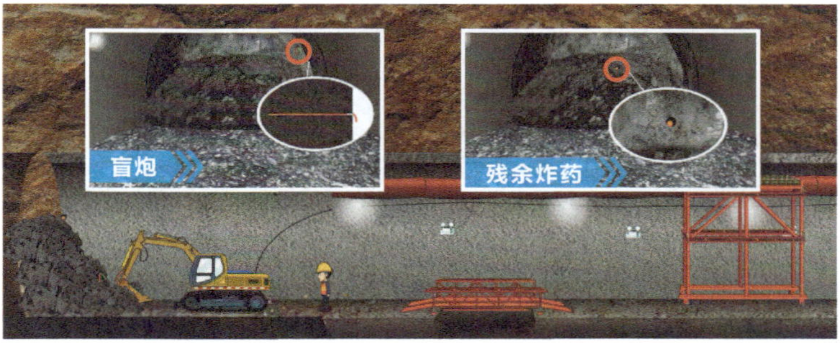

转移装卸车：挖掘机装卸车时，应有指挥人员进行指挥。装卸过程中需搭设斜板上下的，斜板搭设角度不得超过15°。

（2）**禁止事项：**

①不得使用挖掘机进行重物吊装和牵引车辆等作业。

②不得使用挖掘机作为载人平台。

③挖掘机加油时，须关闭发动机，严禁吸烟。

5 PART 挖掘机维护检修安全要求

5.1 日常检查要点

日常须对仪表、管线、照明、制动系统、转向装置、液压装置、过滤装置等进行检查,发现问题及时处理,严禁驾驶“带病”机械。

5.2 定期检查

定期对机身进行全面检查，发现裂纹、严重磨损或紧固件松动时，应及时进行处理。

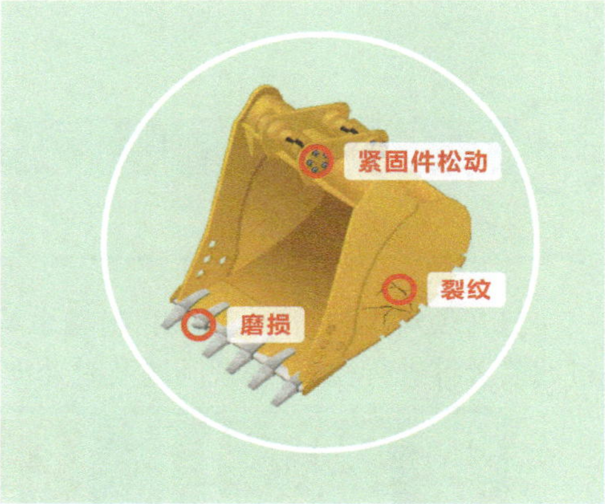

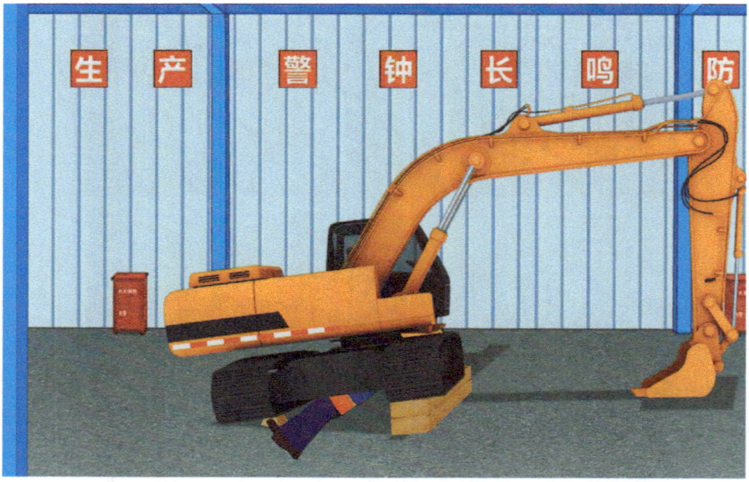

5.3 检修保养安全要点

严禁挖掘机在运转中进行检修、保养作业。除检查内燃机运行状态外，必须将内燃机熄火，并将液压系统卸荷，铲斗落地。

利用铲斗将底盘顶起进行检修时，应使用垫木将抬起的履带垫稳，并用木楔将落地履带或轮胎揳牢，否则严禁进入底盘下工作。

当检查或排放冷却液时，为防止热水或蒸气喷出造成烫伤，在开始操作前，要等水冷却到用手可以触摸散热器盖的温度时，再缓慢开盖。

挖掘机操作工安全口诀

安规常念莫侥幸　上机检查精细心
行走过程要机警　危险环境不冒进
机械操作匀缓轻　旋转作业要看清
电缆管线要查明　盲目挖掘可不行
状态参数常常盯　危险信号及时停
日常保养勤进行　平安生产保家兴